科学のアルバム

トノサマバッタ

佐藤有恒●写真
小田英智●文

あかね書房

もくじ

指導協力●日高敏隆
構成●七尾　純
イラスト●神山博光
園　五朗
渡辺洋二
林　四郎
装丁●画　工　舎

科学のアルバム

トノサマバッタ

佐藤有恒（さとう ゆうこう）

一九二八年、東京都麻布《あざぶ》に生まれる。

子どものころより昆虫《こんちゅう》に興味《きょうみ》をもち、東京都公立学校に勤《つと》めながら昆虫写真を撮《と》りつづける。

一九六三年、東京都銀座《ぎんざ》で虫と花をテーマにした個展《こてん》をひらき、翌《よく》一九六四年に、フリーのカメラマンとなる。

以後《いご》、すぐれた昆虫生態《せいたい》写真を発表しつづけ「昆虫と自然《しぜん》のなかに美を発見した写真家」として注目される。

おもな著書《ちょしょ》に「アサガオ」「ヘチマのかんさつ」「紅葉のふしぎ」「花の色のふしぎ」（共にあかね書房）などがある。

一九九一年、逝去《せいきょ》。

小田英智（おだ ひでとも）

一九四六年、北海道小樽《おたる》市に生まれる。

一九六九年、北海道大学理学部動物学科卒業後、出版社《しゅっぱんしゃ》に勤務《きんむ》。

学習科学雑誌《ざっし》の編集《へんしゅう》、テレビ番組の制作《せいさく》にたずさわる。

一九七二年、フリーライターとなり、雑誌などに、児童向け科学記事を執筆《しっぴつ》している。

著書に「昆虫のせかい」（偕成社）、「鳴く虫の世界」（あかね書房）がある。

トノサマバッタのすむ世界《せかい》は、
石《いし》と砂《すな》の、白《しろ》くかわいた川原《かわら》です。
じょうぶな川原《かわら》の草《くさ》とともに、
うつりゆく四季《しき》を、
生《い》きつづけます。

●川原《かわら》の草《くさ》とまちがえそうなトノサマバッタの幼虫《ようちゅう》。

➡土《つち》の中《なか》では、たまごのふくろをやぶって、バッタのこどもがはいだす。※土《つち》の中《なか》のバッタは、うすい皮《かわ》でからだをまもっている。

⬅春《はる》の雨《あめ》は、川原《かわら》の植物《しょくぶつ》もそだてる。つくしにかわって、緑色《みどりいろ》のスギナがそだった。

誕生《たんじょう》

春《はる》には、よく砂《すな》ぼこりがたちます。風《かぜ》のあとには、雨《あめ》の日《ひ》があります。なんどめかの春《はる》の雨《あめ》で、かわいていた土《つち》があたたかなしめりをもつと、土《つち》の中《なか》で冬《ふゆ》をこしたトノサマバッタのたまごが、めをさまし、成長《せいちょう》をはじめます。

やがて、たまごのふくろをやぶってトノサマバッタのあかんぼうがはいだします。からだをのびちぢみさせて土《つち》の中《なか》をすすみ、地表《ちひょう》にでてきて、もうひとつうすい皮《かわ》をぬぎます。

皮《かわ》をぬいで、つぎつぎにトノサマバッタのこどもがうまれてきます。

※写真《しゃしん》のトノサマバッタのこどもは、撮影《さつえい》のために、土《つち》の中《なか》から、たまごを一個《こ》だけほりだして写《うつ》したもの。

←つぎつぎに誕生《たんじょう》するトノサマバッタの兄弟《きょうだい》たち。土《つち》の中《なか》をすすむとき、じゃまにならないように、触角《しょっかく》や足《あし》を、からだにぴったりつけた姿《すがた》は、小《こ》エビのよう。 4

地表《ちひょう》で，きずがつかないようにからだをつつんでいた皮《かわ》をぬぐ。

長《なが》い後《うし》ろ足《あし》の皮《かわ》も，もうすぐぬげそう。からだは，まだやわらかい。

トノサマバッタのあかんぼう

うまれたばかりのバッタを、一令《れい》幼《よう》虫《ちゅう》といいます。トノサマバッタの一令《れい》幼《よう》虫《ちゅう》は、成《せい》虫《ちゅう》のバッタとおなじ姿《すがた》です。でも、羽《はね》のないのはしかたがありません。まだ、あかんぼうなのですから。

からだにくらべて、とても大《おお》きな目《め》。もう、ものがみえるのです。

バッタのこどもたちは、からだの色《いろ》が川原《かわら》の土《つち》の色《いろ》とにています。トカゲや鳥《とり》たちにめだたない色《いろ》です。

やがてバッタのこどもたちは、触角《しょっかく》をぴんとつきだし、これから生活《せいかつ》する場《ば》所《しょ》にむかって歩《ある》きはじめます。

⬇すっかり皮《かわ》がぬげると，一令幼虫《れいようちゅう》になる。バッタのこどもは，白《しろ》いぬいだ皮《かわ》のかたまりをのこして歩《ある》きはじめる。まだ，やわらかな後《うし》ろ足《あし》をもちあげて移動《いどう》する。

➡ショウリョウバッタの誕生《たんじょう》したあと。バッタのなかまは、土《つち》の中《なか》からうまれて、皮《かわ》をぬぐと草《くさ》むらへかくれてしまう。

⬅草《くさ》むらにひっこした、トノサマバッタの一令《れい》幼虫《ようちゅう》。やわらかだったからだは、かたく黒《くろ》っぽくなった。

草《くさ》むらへひっこし

バッタのこどもたちが、いそいで歩《ある》いていったあとには、ぬぎすてた皮《かわ》がのこっているだけです。

こどもたちがひっこしていったさきは、近《ちか》くの草《くさ》むらです。小《ちい》さなこどもたちは草《くさ》むらの中《なか》で、ちりぢりになります。ちょうどそのころのびだした草《くさ》が、バッタのからだをすっぽりとかくしてくれます。

川原《かわら》の草《くさ》むらは、幼虫時代《ようちゅうじだい》のすみかです。そして、だいじな食堂《しょくどう》なのです。

バッタは、エノコログサ、チガヤ、メヒシバなどの、ムギやイネににた草《くさ》をたべてそだちます。

→緑色《みどりいろ》の幼虫《ようちゅう》（右《みぎ》，三令幼虫《れいようちゅう》）は，じっとしていると，まわりの草《くさ》と区別《くべつ》がつかない。からだの茶色《ちゃいろ》の線《せん》が，葉《は》の上《うえ》の幼虫《ようちゅう》（下《した》，三令幼虫《れいようちゅう》）を，いっそうまぎらわしくしている。

緑色《みどりいろ》の幼虫《ようちゅう》時代《じだい》

トノサマバッタのこどもは、どんどん成長《せいちょう》します。でも、内側《うちがわ》から大《おお》きくなるにつれて、骨《ほね》の役《やく》めをしているかたい皮《かわ》が、じゃまになります。そのためバッタは、成長《せいちょう》するたびに皮《かわ》をぬぎます。

皮《かわ》をぬぐと、ひとつとしをとって、一令幼虫《れいようちゅう》は二令幼虫《れいようちゅう》になります。黒《くろ》っぽい皮《かわ》をぬいだ二令幼虫《れいようちゅう》は、まわりの草《くさ》の色《いろ》とおなじ緑色《みどりいろ》のからだになります。

なんども皮《かわ》をぬいで成長《せいちょう》する幼虫《ようちゅう》時代《じだい》は、草《くさ》むらの中《なか》で、できるだけめだたないようにして、草《くさ》をたべつづけます。幼《よう》虫《ちゅう》時代《じだい》のからだの色《いろ》は草《くさ》むらの色《いろ》です。

⬇幼虫《ようちゅう》の仕事《しごと》は，せっせと草《くさ》をたべて，成長《せいちょう》すること。緑《みどり》色《いろ》や，かれ葉《は》ににたかっ色《しょく》のからだが，草《くさ》むらの幼虫《ようちゅう》を，鳥《とり》たちの目《め》からかくしてくれる。

←トノサマバッタは、武器《ぶき》をもたない草食《そうしょく》のこん虫《ちゅう》。きけんがせまれば、じょうぶな後《うし》ろ足《あし》で、とんでにげる。めだつ石《いし》ころや砂《すな》の地面《じめん》をきらい、草《くさ》むらにとびこんで、じっとうごかずに、鳥《とり》たちの目《め》をあざむく。

ガの幼虫《ようちゅう》，ヨトウムシを川原《かわら》の地面《じめん》にほった巣《す》にはこぶジガバチ。かりをするジガバチは，えものを幼虫《ようちゅう》のえさにする。

緑《みどり》の季《き》節《せつ》のなかまたち

梅雨《つゆ》の川原《かわら》は、緑《みどり》の草《くさ》と、いろいろな幼虫《ようちゅう》たちが、すくすくそだつ季節《きせつ》です。はれた川原《かわら》で、ジガバチがはこぶえものも、大《おお》きくそだったガの幼虫《ようちゅう》でした。

バッタのなかまたちも、緑《みどり》の草《くさ》むらでせっせとえさをたべてそだちます。イネのような葉《は》には、イナゴがいます。広《ひろ》い大《おお》きな葉《は》には、フキバッタがいます。地《じ》面《めん》ではねたのは、土色《つちいろ》のヒシバッタ。かれ草《くさ》の下《した》からは、黒《くろ》や茶色《ちゃいろ》のコオロギの幼虫《ようちゅう》がとびだします。

みんな、からだの色《いろ》とおなじような場《ば》所《しょ》で、めだたないようにそだちます。

⬇①ヒナバッタの一種《いっしゅ》。イネににた植物《しょくぶつ》をこのんでたべる。②フキバッタは，イタドリやフキなどの，やわらかな葉《は》をたべる。③ヒシバッタは，くさった植物《しょくぶつ》やこけをたべて，地面《じめん》で生活《せいかつ》する小《ちい》さなバッタ。④コオロギの幼虫《ようちゅう》。コオロギは，夜《よる》活動《かつどう》し，昼《ひる》まはかれ草《くさ》にもぐっている。

➡生長《せいちょう》したエノコログサがほ・をのばし、花《はな》をさかせると、川原《かわら》に夏《なつ》がくる。

⬅羽化《うか》がはじまるときは、まず、えさをたべなくなり、移動《いどう》をしなくなる。葉《は》にさかさにとまり、後《うし》ろ足《あし》をV《ヴィ》字《じ》型《がた》にしてうごかなくなると、まもなく皮《かわ》をぬぎはじめる。

最後《さいご》の皮《かわ》ぬぎ・羽化《うか》

川原《かわら》に夏《なつ》がやってきました。草《くさ》は、よくしげって川原《かわら》をおおっています。

ほ・をつけたエノコログサに、さかさにとまって、じっとうごかないトノサマバッタがいます。背《せ》なかには、小《ちい》さな三角形《さんかくけい》の羽《はね》があります。なんども皮《かわ》をぬいで成長《せいちょう》した幼虫《ようちゅう》が、最後《さいご》の皮《かわ》ぬぎをしようとしています。

やがて、しっかりと足《あし》で葉《は》にしがみつきます。それから、三角形《さんかくけい》の小《ちい》さな羽《はね》をたてて、ゆっくりひらいたりとじたりすると、皮《かわ》ぬぎがすすんでいるしょうこです。背《せ》なか側《がわ》の皮《かわ》がやぶれ、新《あたら》しくできた皮《かわ》と古《ふる》い皮《かわ》のすきまに、すっと空気《くうき》がはいりました。

古《ふる》い皮《かわ》がさけて、頭《あたま》があらわれます。からだをふるわせ葉《は》につかまった古《ふる》い皮《かわ》から、ゆっくり、ゆっくりはいだします。小《ちい》さな三角《さんかく》の羽《はね》からはしわくちゃにたたまれた羽《はね》がぬけでてきます。

一時《じ》間《かん》半《はん》ほどで皮《かわ》をぬぐとすっかりひらいた羽《はね》を後《うし》ろ足《あし》でたたみます。

長《なが》い羽《はね》ができる最後《さいご》の皮《かわ》ぬぎを羽化《うか》といいます。

長《なが》い羽《はね》は、トノサマバッタが成虫《せいちゅう》になったしるしです。

羽化《うか》の順序《じゅんじょ》　まず，われた背《せ》なかから，頭《あたま》・胸《むね》・腹《はら》と，ぶらさがるようにして皮《かわ》をぬぐ。そのあいだ，腹《はら》のさきでからだをささえる。古《ふる》い皮《かわ》をぬぎおえると，葉《は》にとまり，羽《はね》をうごかす筋肉《きんにく》と血液《けつえき》の力《ちから》で，ちぢんでいた羽《はね》を広《ひろ》げる。すっかりのびた羽《はね》をたたんでから，さらに数時間《すうじかん》，じっとうごかずに，羽《はね》が完全《かんぜん》にかわいて，かたくなるのをまつ。羽化《うか》は夜《よる》おこなわれる。

←羽《はね》をひろげてとぶトノサマバッタ。後《うし》ろ足《あし》でジャンプし、羽《はね》をひろげ、パタパタパタと羽音《はおと》をたててとびたつ。風《かぜ》にのったバッタは、のびた後《うし》ろ足《あし》をたたみ、高《たか》く高《たか》く羽《は》ばたき、ときには、五十～六十メートルもとぶ。

➡石《いし》ころと砂地《すなじ》の川原《かわら》にでてきた、トノサマバッタのめす。羽《はね》とからだの色《いろ》は、かわいた地面《じめん》にとけこみそうな色《いろ》。

⬅トノサマバッタの耳《みみ》。後《うし》ろ足《あし》のつけねの上《うえ》にある、腹《はら》にあいた半円形《はんえんけい》のあなが、バッタの耳《みみ》にあたる。

草《くさ》むらからとびだす成虫《せいちゅう》たち

成虫《せいちゅう》になっためすバッタは、よくたべます。腹《はら》の中《なか》のたまごを、そだてるためです。

草《くさ》をたべていないときは、大空《おおぞら》を羽《は》ばたき、ジャンプして、よく移動《いどう》します。幼虫《ようちゅう》のときはめったに草《くさ》むらをでなかったのに、成虫《せいちゅう》になると、石《いし》ころや砂地《すなじ》の川原《かわら》に、しょっちゅうでてくるようになりました。

腹《はら》の両側《りょうがわ》にある耳《みみ》は、なかまの羽《は》ばたきがわかるのかもしれません。パタパタと、なかまの羽《は》音《おと》がすると、つられたように、草《くさ》むらからバッタがとびたちます。

成虫《せいちゅう》が姿《すがた》をみせる、石《いし》ころや砂地《すなじ》の川原《かわら》は、バッタが誕生《たんじょう》したところです。

➡イナゴをとらえたナガコガネグモ。ジャンプするバッタたちには、草《くさ》むらのクモの巣《す》はきけんなわな。

⬅トノサマバッタをたべるカマキリ。成長《せいちょう》して大《おお》きくなるにつれて、大《おお》きなえものをねらうカマキリは、いつも、バッタの天敵《てんてき》。

天敵《てんてき》

トノサマバッタの天敵《てんてき》は、トカゲや鳥《とり》たちだけではありません。うまく草《くさ》むらににげても、クモが巣《す》をつくっています。歩《ある》きまわって、えものをさがすクモもいます。カマキリもいます。

たまごにつくカビやダニもふくめると、ずいぶんたくさんの天敵《てんてき》です。天敵《てんてき》からのがれたほんのわずかのなかまが、子孫《しそん》をのこすことができるのです。

でも、天敵《てんてき》がいなければ、トノサマバッタの数《かず》がふえすぎます。バッタどうしで、たべる草《くさ》をとりあい、えさ不《ぶ》足《そく》がおこります。

⬆川原《かわら》でそだったトノサマバッタの緑色《みどりいろ》とかっ色《しょく》の幼虫《ようちゅう》。温度《おんど》や乾燥状態《かんそうじょうたい》で緑色《みどりいろ》やかっ色《しょく》になる。

⬆実験室《じっけんしつ》でそだったトノサマバッタの幼虫《ようちゅう》は，黒《こっ》かっ色《しょく》。

黒《くろ》いトノサマバッタ

川原《かわら》のバッタは、草《くさ》むらの中《なか》でめだたない緑色《みどりいろ》かかっ色《しょく》です。ところが、実験室《じっけんしつ》でそだてられたバッタは、黒《くろ》に近《ちか》いかっ色《しょく》のバッタになります。

せまい場所《ばしょ》で、たくさんのバッタを飼《か》うと、黒《くろ》いバッタがそだちます。

自然《しぜん》のなかでも、バッタがふえすぎると、おなじことがおこります。羽《はね》の長《なが》い黒《くろ》いトノサマバッタがあらわれ、群《む》れをつくります。これがバッタの大群《たいぐん》です。大群《たいぐん》がとおったあとは、草《くさ》も木《き》も、緑《みどり》はみんなたべつくされてしまいます。

↓実験室《じっけんしつ》の飼育箱《しいくばこ》でそだつ，黒《こっ》かっ色《しょく》の幼虫《ようちゅう》たち。一令《れい》や二令《れい》の幼虫《ようちゅう》を，一か所《しょ》にたくさん飼《か》うと，黒《こっ》かっ色《しょく》のバッタにそだつ。一匹《ぴき》だけで飼《か》うと，緑色《みどりいろ》のバッタにそだつ。

撮影協力《さつえいきょうりょく》・多摩動物公園昆虫《たまどうぶつこうえんこんちゅう》

写真提供《しゃしんていきょう》・オリオンプレス

➡アフリカ大陸《たいりく》のスーダンで発生《はっせい》した、バッタの大群《たいぐん》。広《ひろ》い草原《そうげん》で、大量《たいりょう》にふえたバッタは、群《む》れをつくる黒《くろ》いバッタになり、大群《たいぐん》で移動《いどう》をはじめるようになる。

⬇羽《はね》を後《うし》ろ足《あし》でこすりあわせて，シリシリシリ……と鳴《な》く，ヒロバネヒナバッタのおす。からだの大《おお》きさが２～３センチメートルのおすは，ものかげにかくれてみえないなかまに合図《あいず》をおくる。

←草《くさ》むらでくらすキリギリス(左《ひだり》)やエンマコオロギ(下《した》)のおすは，羽《はね》をこすりあわせ，草《くさ》のかげや，夜《よる》の暗《くら》やみにかくれため鳴《な》き声《ごえ》で合図《あいず》をおくる。

鳴《な》く虫《むし》たち

八月《がつ》もなかばをすぎると、鳴《な》く虫《むし》の季節《きせつ》です。かわいた土《つち》の上《うえ》では、ヒロバネヒナバッタが後《うし》ろ足《あし》で羽《はね》をこすり、にぎやかに鳴《な》きます。草《くさ》むらで鳴《な》くキリギリスは、まだ暑《あつ》い日中《にっちゅう》をいっそう暑苦《あつくる》しくさせます。

日《ひ》がしずみかけると、エンマコオロギが鳴《な》きはじめ、やがてスズムシやマツムシの声《こえ》もくわわります。川原《かわら》の夜《よる》は、ひんやりとして、もう秋《あき》です。

鳴《な》く虫《むし》たちは、鳴《な》き声《ごえ》で、草《くさ》のあいだにかくれてみえないなかまに合図《あいず》をおくります。おすにはなわばりを、めすには「ここにいる。」ということをしらせているのです。

※なわばり　おすの勢力《せいりょく》はんい。ほかのおすが近《ちか》づかないように、鳴《な》き声《ごえ》でしらせる。

➡黒《くろ》いぼうにとびのってきた、トノサマバッタのおす。おすだけが、とびのる。

⬅ぼうに、しっかりつかまったおすは、つりあげてもはなれない。

バッタつり

広《ひろ》い川原《かわら》で、トノサマバッタは、どうやってなかまをみつけるのでしょう。鳴《な》き声《ごえ》でしょうか。なかまのにおいでしょうか。

ぼうきれとつり糸《いと》で、実験《じっけん》してみましょう。黒《くろ》い紙《かみ》でぼうをつつみ、つり糸《いと》でつりさげ、トノサマバッタのそばにおいてみます。すると、バッタのおすがぼうにとびついてきます。そして、しっかりとぼうをつかんではなれません。

おすは、黒《くろ》いぼうきれをバッタのめすだとおもっているのです。においも、鳴《な》き声《ごえ》もしないぼうを、めすとみまちがえたのです。バッタは、目《め》でなかまをみつけます。

➡なかまのにおいがしない、ゴムのバッタにも、とびのった。

⬅小《ちい》さなおすは、めすにおんぶしたままで、交尾《こうび》する。

交尾《こうび》

トノサマバッタのおすが、めすをみつける場《ば》所《しょ》は、砂地《すなじ》や石《いし》ころの川原《かわら》です。草《くさ》むらからとびだした成虫《せいちゅう》たちが、よく姿《すがた》をみせる場《ば》所《しょ》です。おすは、草《くさ》むらにじゃまされずに、石《いし》や砂《すな》の上《うえ》のめすをみつけます。

めすをみつけたおすは、背《せ》なかにとびのりしっかりつかむと、交尾《こうび》をはじめます。おんぶしたままで、ずいぶん長《なが》くつづきます。

トノサマバッタがなかまをみつける、石《いし》ころと砂地《すなじ》の川原《かわら》は、バッタの産卵場所《さんらんばしょ》です。

⬅石《いし》ころと砂地《すなじ》の川原《かわら》で、トノサマバッタのめすが産卵《さんらん》をはじめめた。腹《はら》のさきをつかって、土《つち》をかきわけるようにすると、たちまち長《なが》い腹《はら》ぜんたいが土《つち》の中《なか》にはいってしまう。そして、たまごをうみはじめる。

➡後《うし》ろ足《あし》で、産卵《さんらん》あとを地《じ》ならしするめす。死《し》ぬまでに、なんども産卵《さんらん》する。

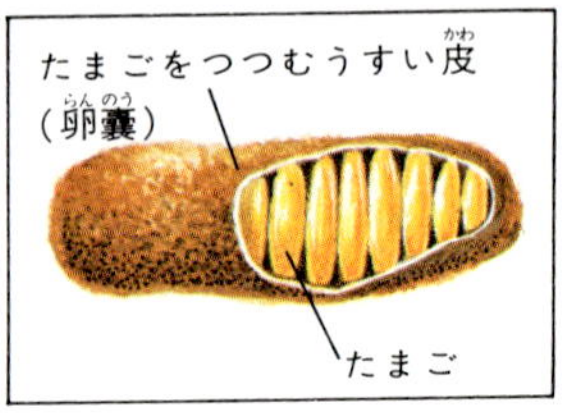

⬅土《つち》の中《なか》のトノサマバッタのたまご。地表《ちひょう》から三センチの深《ふか》さにある。

産卵《さんらん》

めすのトノサマバッタは、土《つち》の中《なか》に分《ぶん》泌物《ぴぶつ》をあわだて、その中《なか》にたまごをきちんとならべてうみます。うみおわると、のびた腹《はら》をちぢめて土《つち》の中《なか》からぬきます。

それから、後《うし》ろ足《あし》で足《あし》ぶみするようにして砂《すな》をかき、地面《じめん》をならします。地《じ》ならしがおわると、もうどこにたまごをうんだかわかりません。

たまごをつつんだ白《しろ》い分泌物《ぶんぴぶつ》のあわも、時間《じかん》がたつと茶《ちゃ》かっ色《しょく》にかわり、弾力《だんりょく》のあるうすい皮《かわ》になります。

たまごは、母親《ははおや》バッタのえらんだ、ほどよく乾燥《かんそう》した土《つち》の中《なか》で、冬《ふゆ》をこします。

●12月《がつ》，川原《かわら》のかれ草《くさ》にのこされたモズのはやにえ。

川原《かわら》は、冷《つめ》たい風《かぜ》がふいています。
バッタの羽《は》ばたきは、もう、
ありません。川原《かわら》のバッタの一生《いっしょう》は、
おわったのです。でも、
土《つち》の中《なか》に、たまごがねむっています。

＊トノサマバッタの世界《せかい》

何千年《なんぜんねん》ものむかし、エジプト人《じん》が石《いし》に彫刻《ちょうこく》したナイル川《がわ》の川原《かわら》にすむトノサマバッタのなかま。

今《いま》から三億年前《おくねんまえ》の地球《ちきゅう》は、熱帯《ねったい》のジャングルのような気候《きこう》でした。高温《こうおん》でしめった陸地《りくち》には、原始的《げんしてき》なこん虫《ちゅう》の、ゴキブリだけがすんでいました。やがて、はげしい変動《へんどう》が陸地《りくち》におこり、乾燥《かんそう》した気候《きこう》の時代《じだい》がおとずれました。この時《じ》代《だい》に、バッタの先祖《せんぞ》たちがあらわれたのです。

バッタは、土《つち》の中《なか》にたまごをうんで、乾燥《かんそう》からたまごをまもるようになったなかまです。トノサマバッタは、バッタのなかでも、とくに乾《かん》燥《そう》したところで生活《せいかつ》するなかまです。

アジアやアフリカの、砂漠《さばく》の近《ちか》くの大草原《だいそうげん》には、いろいろな種類《しゅるい》のトノサマバッタのなかまがすんでいます。そこでは、ふえすぎたバッタが、大群《たいぐん》になって大移動《だいいどう》をくりかえしています。

日本《にっぽん》のトノサマバッタも、乾燥《かんそう》した広《ひろ》い川原《かわら》を、生活場所《せいかつばしょ》にしているなかまです。

＊幼虫《ようちゅう》と成虫《せいちゅう》の二つの世界《せかい》

トノサマバッタの幼虫《ようちゅう》は、成虫《せいちゅう》の形《かたち》を小《ちい》さくしただけの姿《すがた》をしています。羽《はね》のない幼虫《ようちゅう》は、皮《かわ》ぬぎのたびに、ひとまわり大《おお》きく成長《せいちょう》するだけです。トノサマバッタのように、成虫《せいちゅう》とおなじような姿《すがた》の幼虫《ようちゅう》が、皮《かわ》ぬぎをくりかえして成虫《せいちゅう》になることを※不完全変態《ふかんぜんへんたい》とよびます。

　おなじような姿《すがた》をした幼虫《ようちゅう》と成虫《せいちゅう》ですが、それぞれの時期《じき》で、生活《せいかつ》はちがいます。幼虫《ようちゅう》の生活《せいかつ》は、せっせとたべて、できるだけ早《はや》く成長《せいちょう》することです。成虫《せいちゅう》の生活《せいかつ》は、おすはめすをみつけて交尾《こうび》し、めすは産卵《さんらん》場所《ばしょ》をみつけてたまごをうむことが中心《ちゅうしん》です。トノサマバッタは、広《ひろ》い川原《かわら》で、二つの時期《じき》の生活《せいかつ》をおくります。

　幼虫《ようちゅう》の生活場所《せいかつばしょ》は、イネやムギににた植物《しょくぶつ》がそだつ草《くさ》むらです。緑色《みどりいろ》の幼虫《ようちゅう》は、草《くさ》むらからでるのをきらいます。おいたてても、おいたてても、草《くさ》むらににげこみます。幼虫時代《ようちゅうじだい》は、め

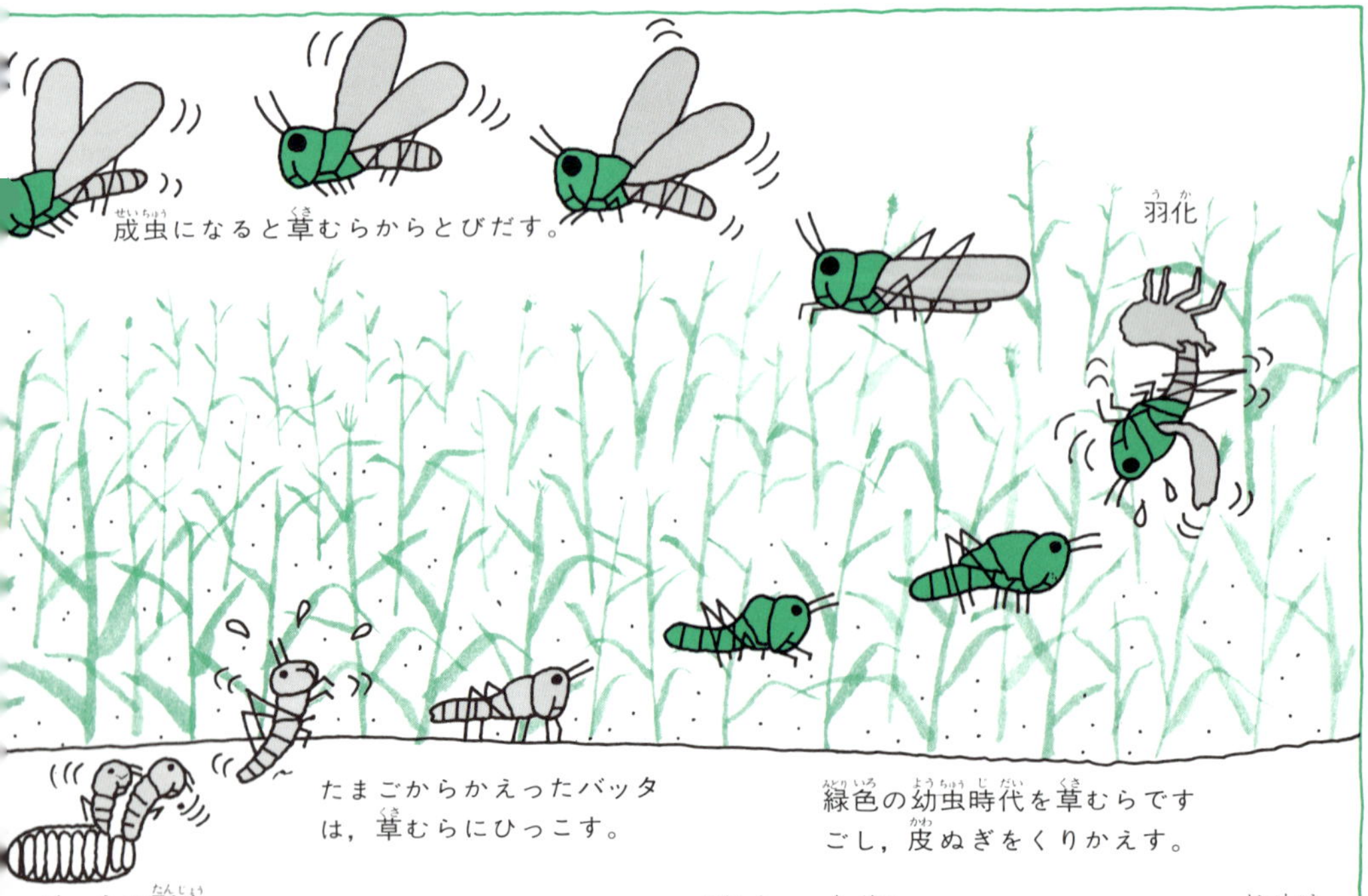

●川原《かわら》の地形《ちけい》とトノサマバッタの一生《いっしょう》

だたないように、じっと草をたべつづけます。

成虫《せいちゅう》の生活場所《せいかつばしょ》は、石《いし》ころや砂地《すなじ》の乾燥《かんそう》した川原《かわら》が中心《ちゅうしん》になります。羽《はね》をもつ成虫《せいちゅう》たちは、広《ひろ》い川原《かわら》をとびまわり、草《くさ》がはえてない、乾燥《かんそう》した砂地《すなじ》や石《いし》ころの場所《ばしょ》にあつまってきます。そこで、おすは、草《くさ》にじゃまされずに、めすをみつけることができます。交尾《こうび》をおえためすは、土《つち》をほって産卵《さんらん》します。成虫《せいちゅう》たちのからだは、砂地《すなじ》や石《いし》ころとまぎらわしい色《いろ》です。

トノサマバッタの一生《いっしょう》は、緑《みどり》の草《くさ》むらと、茶《ちゃ》かっ色《しょく》の砂地《すなじ》や石《いし》ころの、二つの世界《せかい》をもっています。幼虫《ようちゅう》の色《いろ》と成虫《せいちゅう》の色《いろ》ににた、二つの世《せ》界《かい》で、それぞれの時期《じき》の生活《せいかつ》をおくります。

●トノサマバッタの成長《せいちょう》と形《かたち》

※皮《かわ》ぬぎのたびに大《おお》きくなるバッタは，不完全《ふかんぜん》変態《へんたい》のこん虫《ちゅう》。完全変態《かんぜんへんたい》のチョウのように，幼虫時代《ようちゅうじだい》・さなぎ時代《じだい》・成虫時代《せいちゅうじだい》の形《かたち》が，いちじるしくちがうというようなことがない。

●バッタの顔《かお》と口《くち》

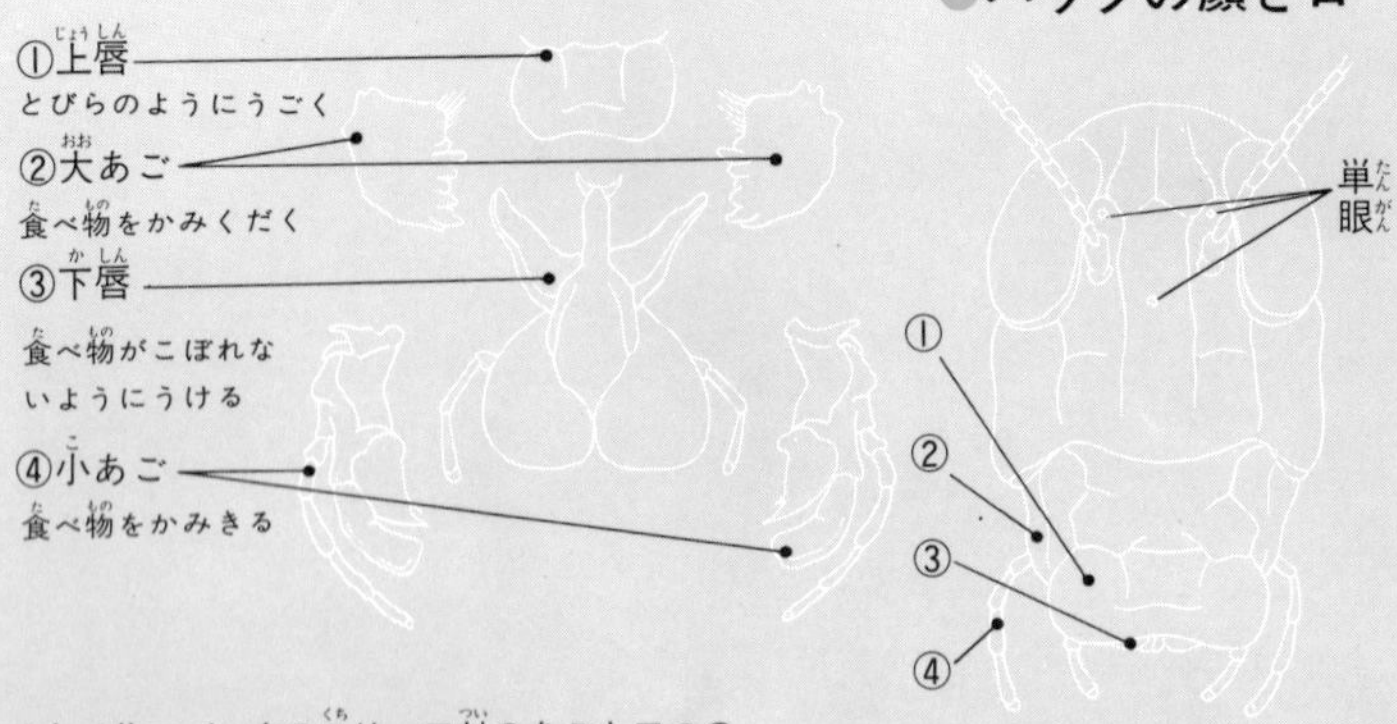

※トノサマバッタの口《くち》は，二対《つい》のあごと二つのくちびるの，合計《ごうけい》六個《こ》の部分《ぶぶん》からできている。

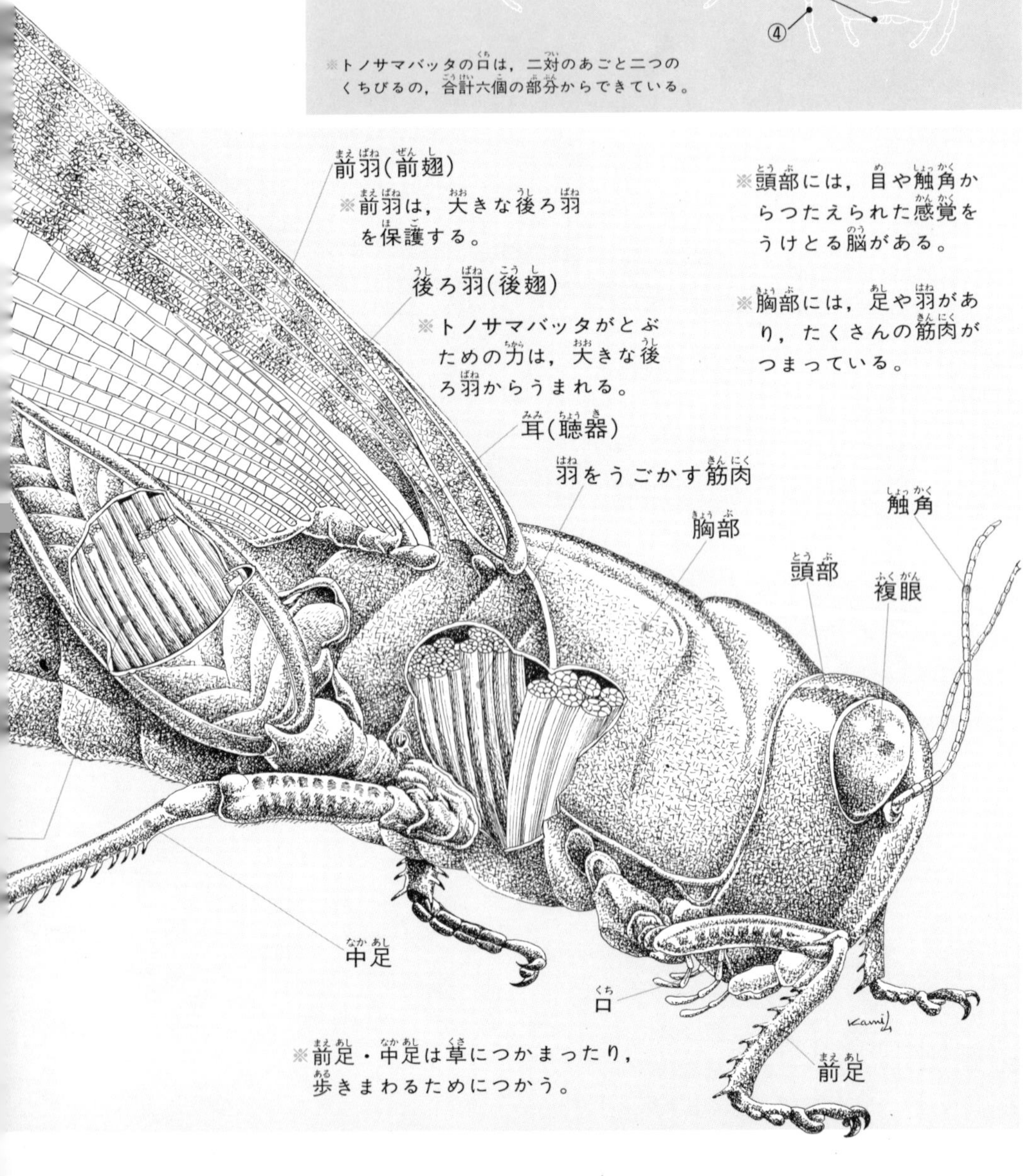

※前羽《まえばね》は，大《おお》きな後《うし》ろ羽《ばね》を保護《ほご》する。

※トノサマバッタがとぶための力《ちから》は，大《おお》きな後《うし》ろ羽《ばね》からうまれる。

※頭部《とうぶ》には，目《め》や触角《しょっかく》からつたえられた感覚《かんかく》をうけとる脳《のう》がある。

※胸部《きょうぶ》には，足《あし》や羽《はね》があり，たくさんの筋肉《きんにく》がつまっている。

※前足《まえあし》・中足《なかあし》は草《くさ》につかまったり，歩《ある》きまわるためにつかう。

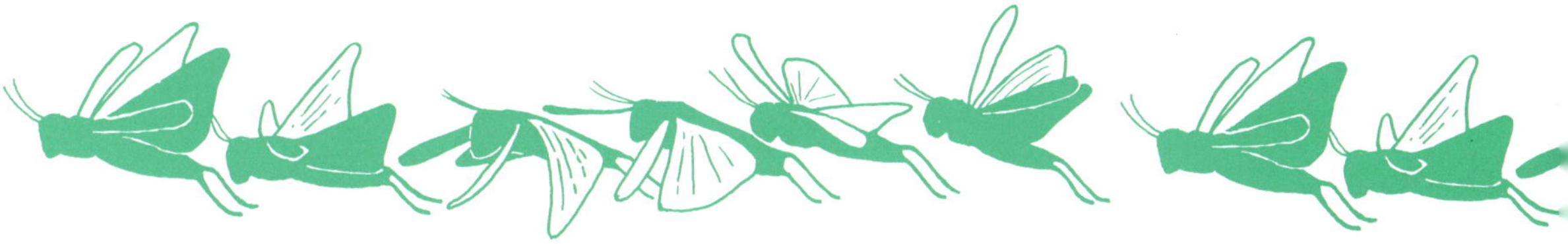

▲トノサマバッタのとびかた

ジャンプしてとびあがり，羽《はね》を広《ひろ》げてとぶ。後《うし》ろ羽《ばね》と前羽《まえばね》を，どうじにうちおろしたりあげたりしてはばたく。ふつう，とんでいるとちゅうで後《うし》ろ足《あし》をたたむ。

▼人間《にんげん》とトノサマバッタのジャンプくらべ

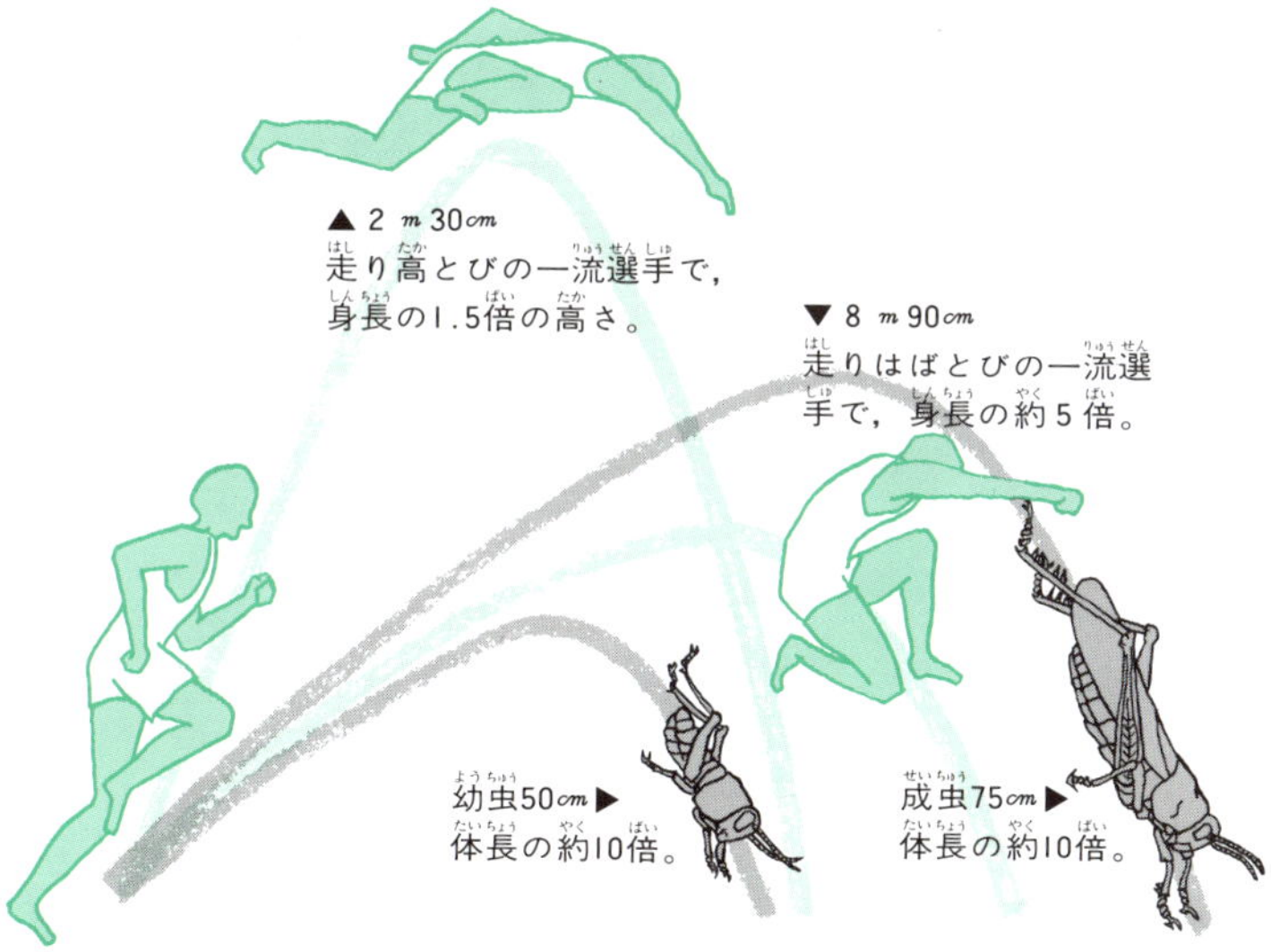

▲ 2 m 30cm
走《はし》り高《たか》とびの一流選手《りゅうせんしゅ》で，
身長《しんちょう》の1.5倍《ばい》の高《たか》さ。
▼ 8 m 90cm
走《はし》りはばとびの一流選《りゅうせん》手《しゅ》で，身長《しんちょう》の約《やく》5倍《ばい》。
幼虫《ようちゅう》50cm▶
体長《たいちょう》の約《やく》10倍《ばい》。
成虫《せいちゅう》75cm▶
体長《たいちょう》の約《やく》10倍《ばい》。

●おすとめすのみわけかた

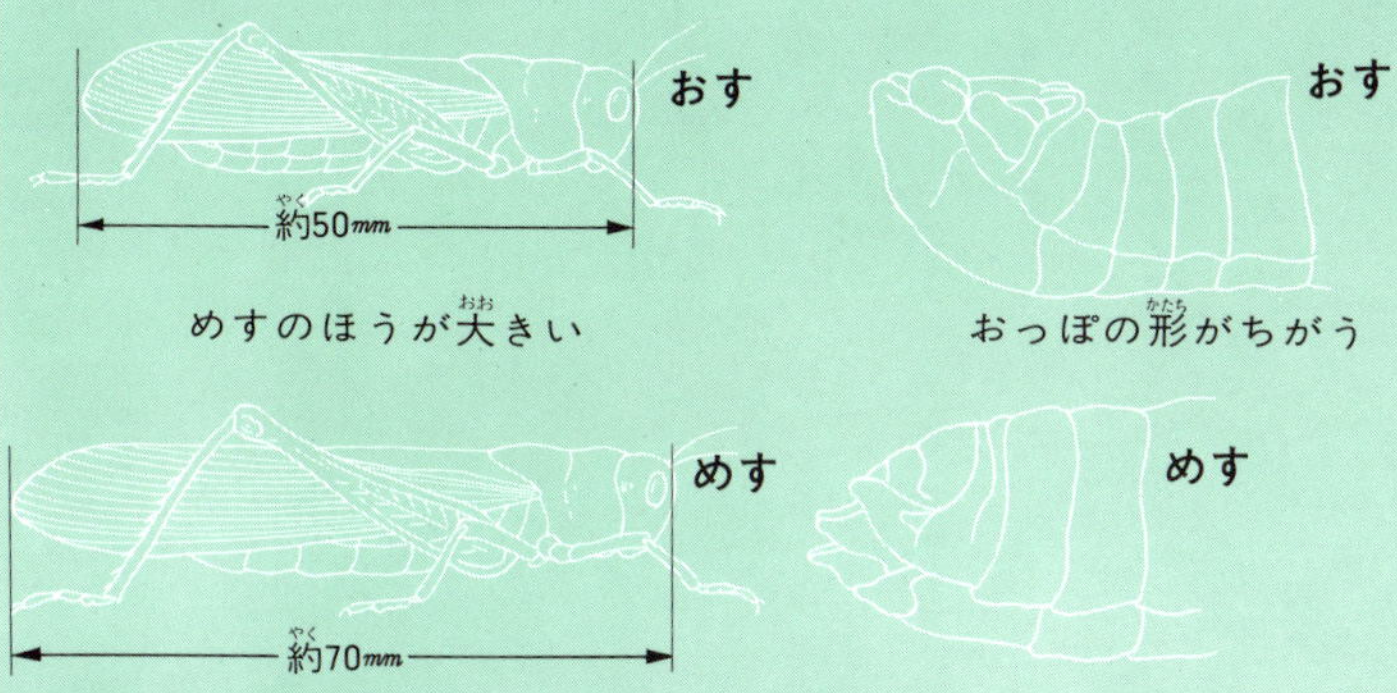

めすのほうが大《おお》きい
おっぽの形《かたち》がちがう

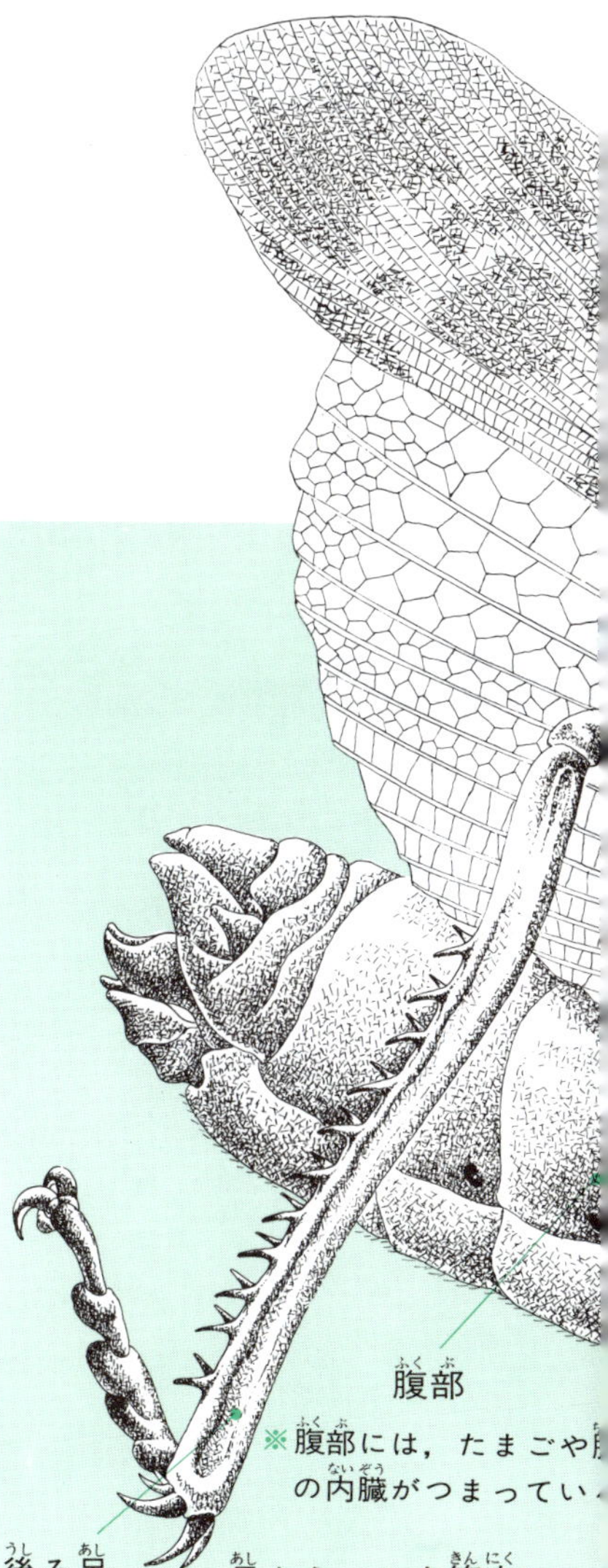

※腹部《ふくぶ》には，たまごや
の内臓《ないぞう》がつまってい

※トノサマバッタは，じょうぶな後《うし》ろ足《あし》ではねる。

※気門《きもん》は空気《くうき》をとりいれる口《くち》。

●トノサマバッタのからだ(

＊いろいろな生活場所《せいかつばしょ》をもつなかまたち

⬆ツユムシの幼虫《ようちゅう》をたべるウマオイ。キリギリスのなかまで，しげみで生活《せいかつ》する。

⬆羽《はね》をすりあわせて鳴《な》くスズムシ。コオロギのなかまで夜活動《よるかつどう》する。

夏《なつ》のおわりの川原《かわら》は、いろいろな種類《しゅるい》のバッタたちがみられます。でも、種類《しゅるい》によって、生活場所《せいかつばしょ》や生活《せいかつ》がちがいます。

石《いし》ころや砂地《すなじ》の近《ちか》くの、たけの低《ひく》い草原《くさはら》で、シリシリシリと鳴《な》いているのは、ヒナバッタのなかまのおすです。草《くさ》にかくれてしまいそうな小《ちい》さなおすは、鳴《な》き声《ごえ》でめすをよびます。じめじめした川原《かわら》の、イネににた植物《しょくぶつ》のそばでみつけたのは、イナゴのなかまです。イナゴのなかまは、水《みず》におちても、長《なが》い足《あし》でおよげます。

人の胸《むね》ほどもある、たけの高《たか》い草《くさ》むらで鳴《な》いているのはキリギリスです。キリギリスは、草《くさ》むらの中《なか》で生活《せいかつ》する肉食《にくしょく》のこん虫《ちゅう》です。とげのある足《あし》は、虫《むし》をつかまえたり、葉《は》の上《うえ》を歩《ある》くのに役《やく》にたちます。おいしげった葉《は》でみえないめすに、鳴《な》き声《ごえ》で、おすのいる場所《ばしょ》をしらせます。

ススキににた植物《しょくぶつ》のそばには、さきのとがった

バッタのなかまと生活《せいかつ》場所《ばしょ》

※バッタのなかまは，直翅類《ちょくしるい》とよばれるこん虫《ちゅう》のグループ。直翅類《ちょくしるい》は，さらにキリギリス，コオロギ，バッタのなかまにわけられる。

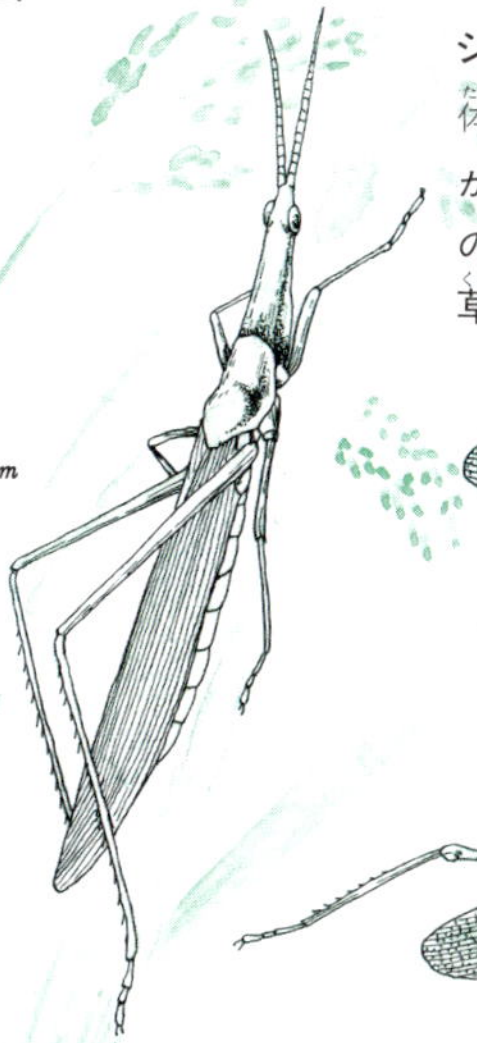

ショウリョウバッタ
体長《たいちょう》40～57㎜
からだの色《いろ》も形《かたち》もイネ科《か》の植物《しょくぶつ》の葉《は》ににている。川原《かわら》や草原《そうげん》の草《くさ》の上《うえ》で生活《せいかつ》する。

クルマバッタ
体長《たいちょう》40～57㎜
明《あか》るい草《くさ》むらで生活《せいかつ》するバッタ。

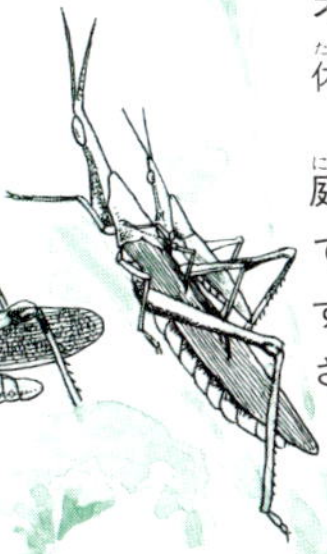

オンブバッタ
体長《たいちょう》おす（上《うえ》）25㎜
めす42㎜
庭《にわ》や畑《はたけ》の草《くさ》むらで生活《せいかつ》する。おすとめすの大《おお》きさがちがう。

フキバッタ
体長《たいちょう》22～33㎜
林《はやし》の中《なか》のフキなどがはえている，しめった場所《ばしょ》で生活《せいかつ》する。

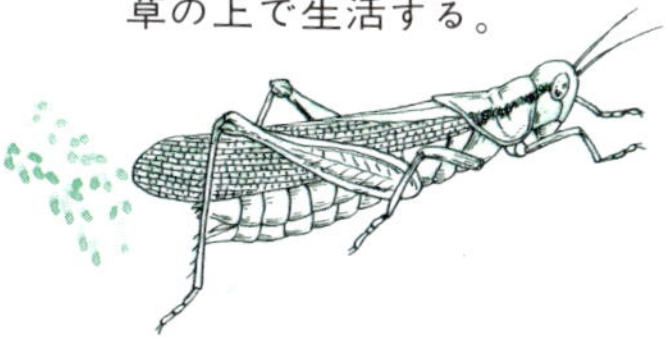

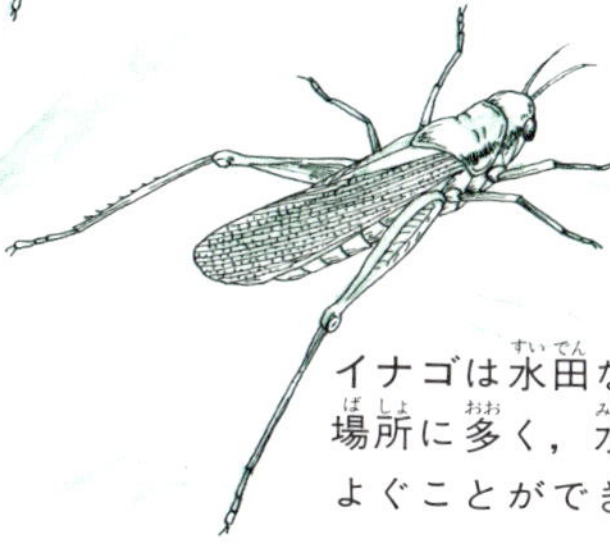

イナゴ
体長《たいちょう》36～43㎜
イナゴは水田《すいでん》などのしめった場所《ばしょ》に多《おお》く，水《みず》におちてもおよぐことができる。

葉《は》のような形《かたち》をしたショウリョウバッタがいます。羽《はね》のたてじまも、葉《は》の筋《すじ》にそっくりです。

夜《よる》の川原《かわら》は、鳴《な》く虫《むし》の世界《せかい》です。昼《ひる》ま、石《いし》やかれ葉《は》の下《した》にもぐっていた、コオロギたちが鳴《な》きます。黒《くろ》っぽいからだは、夜《よる》はめだちません。草《くさ》むらの中《なか》で、クサキリやクツワムシたちが鳴《な》きます。昼《ひる》ま、葉《は》っぱのようなからだで、草《くさ》むらの中《なか》にかくれていたなかまです。

昼《ひる》ま活動《かつどう》するもの、夜間活動《やかんかつどう》するもの。植物《しょくぶつ》の上《うえ》で生活《せいかつ》するもの、地面《じめん》で生活《せいかつ》するもの。乾燥《かんそう》した場所《ばしょ》がすきなもの、しめった場所《ばしょ》がすきなもの。種類《しゅるい》によって、生活《せいかつ》する場所《ばしょ》がちがいます。生活場所《せいかつばしょ》がちがえば、えさをあらそったり、えさ不足《ぶそく》になる心配《しんぱい》もありません。

トノサマバッタも、広《ひろ》い川原《かわら》で、自分《じぶん》のからだのつくりにあった場所《ばしょ》だけで、生活《せいかつ》しています。ほかのなかまが、どんな生活場所《せいかつばしょ》で、どんなくらしをしているか、しらべてみましょう。

➡百年《ひゃくねん》ほど前《まえ》の北海道《ほっかいどう》で、バッタの大群《たいぐん》が発生《はっせい》し、開拓地《かいたくち》をおそった。バッタがとびさったあとには、緑《みどり》をたべつくされた、赤《あか》っ茶《ちゃ》けた土地《とち》だけがのこった。（「北海道蝗害報告書《ほっかいどうこうがいほうこくしょ》」より）

大群《たいぐん》で移動《いどう》する黒《くろ》いバッタと、草《くさ》むらにいる緑色《みどりいろ》のバッタは、むかしは別《べつ》の種類《しゅるい》だとかんがえられてきました。しかし、その後《ご》二つのバッタが、おなじ種類《しゅるい》であることがわかりました。

ふだんは、天敵《てんてき》がバッタをたべて、バッタの数《かず》を調節《ちょうせつ》しています。ところが、天敵《てんてき》がいてもおいつかないほど、バッタの数《かず》がふえることがあります。こんなにたくさんバッタがふえると、広《ひろ》い草原《そうげん》でも、しょっちゅうバッタどうしがであうようになります。

であったバッタは、なかまの姿《すがた》をみたり、接触《せっしょく》することによって、脳《のう》がしげきされます。すると、脳《のう》から特別《とくべつ》なホルモンが、からだの中《なか》にだされます。このホルモンのはたらきで、からだの色《いろ》は黒《くろ》っぽくなり、活発《かっぱつ》に移動《いどう》して、群《む》れをつくるようになります。

また、この特別《とくべつ》なホルモンのはたらきで、バ

● 世界《せかい》のバッタの大群《たいぐん》発生地《はっせいち》

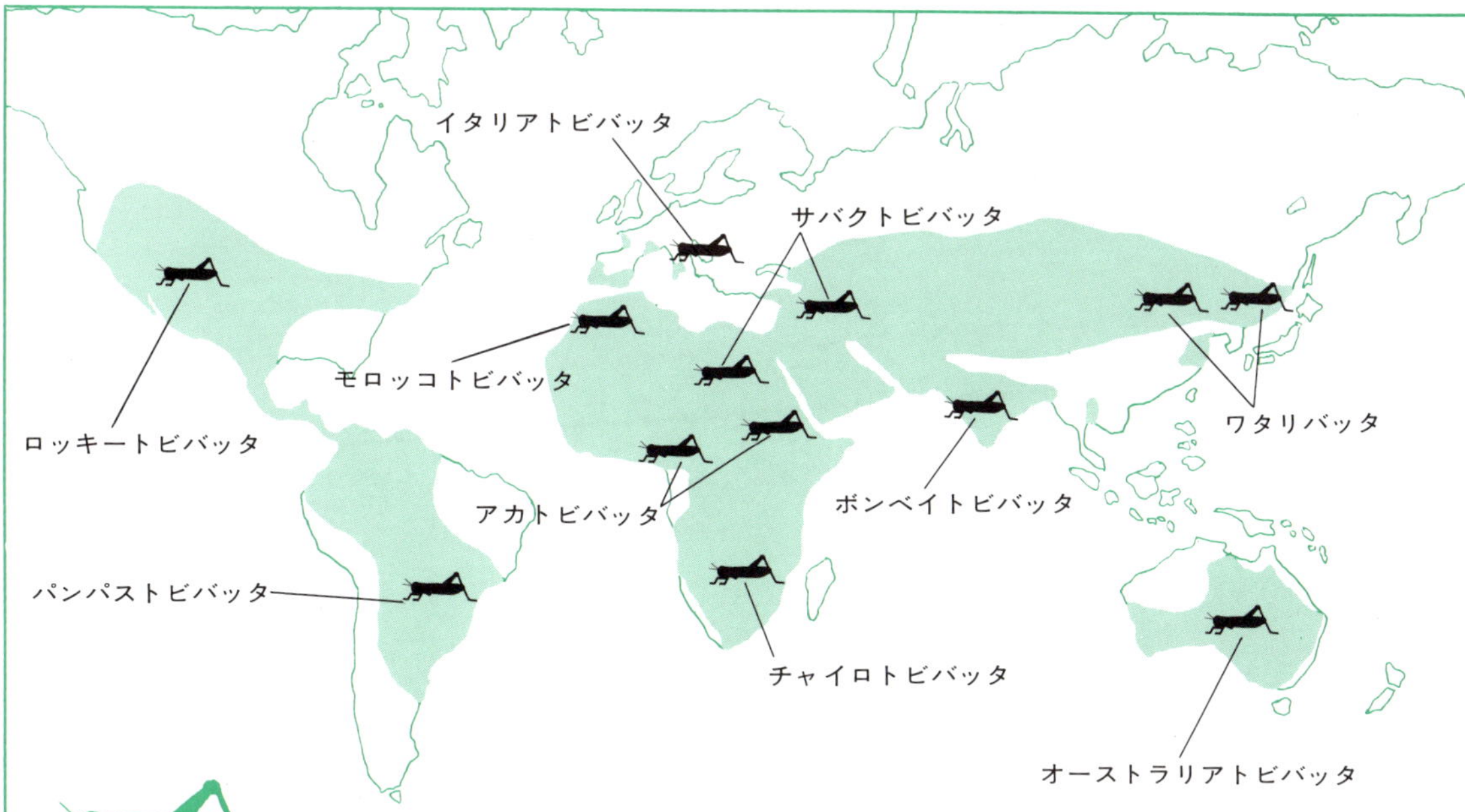

日本《にっぽん》のトノサマバッタは，ワタリバッタのなかま。

ッタの成長《せいちょう》は早《はや》くなりますが、めすの腹《はら》の中《なか》のたまごの発達《はったつ》はわるくなり、産卵数《さんらんすう》がへります。

やがて、成虫《せいちゅう》になったバッタは大群《たいぐん》で大移動《だいいどう》をはじめます。移動《いどう》は、ふえすぎたバッタがすめる生活《せいかつ》の場所《ばしょ》を広《ひろ》げ、えさ不足《ぶそく》をふせぎます。

いっぽう、産卵数《さんらんすう》のへったためすは、ふえすぎたバッタが、これ以上《いじょう》ふえることをふせぎます。

黒《くろ》いバッタは、なかまのふえすぎとえさ不足《ぶそく》で、バッタがほろびることがないように、自然《しぜん》がうみだした、虫《むし》の数《かず》を調節《ちょうせつ》するしくみです。

● 大群《たいぐん》バッタと草《くさ》むらバッタ

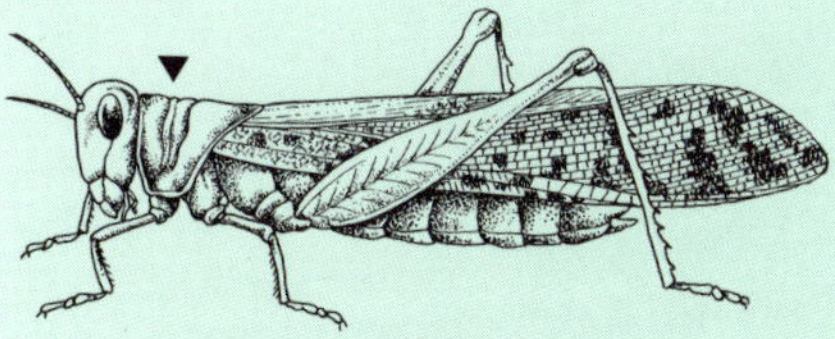

●大群《たいぐん》のバッタ
からだが黒《くろ》っぽいかっ色《しょく》で，羽《はね》が長《なが》く，胸《むね》の部分《ぶぶん》の背《せ》なか側《がわ》がまっすぐのものが多《おお》い。

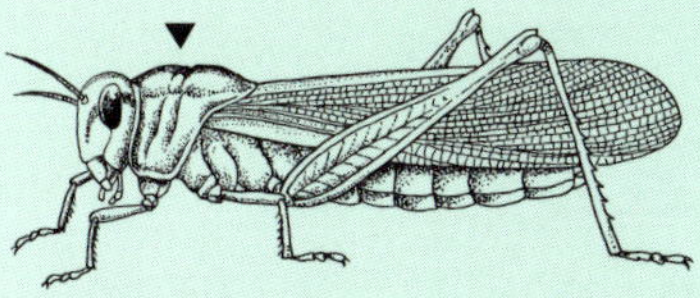

●草《くさ》むらのバッタ
緑色《みどりいろ》か茶《ちゃ》かっ色《しょく》で，胸《むね》の部分《ぶぶん》の背《せ》なか側《がわ》が，もりあがっているものが多《おお》い。

＊バッタつりとトノサマバッタの信号《しんごう》

⬆触角《しょっかく》で，おなじ巣《す》のなかまをみわけるクロナガアリのはたらきアリ。

⬆鳴《な》き声《ごえ》で合図《あいず》するニイニイゼミ。セミの種《しゅ》類《るい》で鳴《な》き声《ごえ》や鳴《な》く時間《じかん》がきまっている。

こん虫《ちゅう》は、いろいろな信号《しんごう》で、なかまをみつけます。コオロギやキリギリスは、鳴《な》き声《ごえ》の信《しん》号《ごう》でおすがなかまに合図《あいず》をおくります。ホタルは、点《てん》めつする光《ひかり》が信号《しんごう》です。アリやガのように、においの信号《しんごう》でなかまをみつけるこん虫《ちゅう》もいます。

トノサマバッタは、バッタつりの実験《じっけん》でわかるように、おすがめすをみつけるのは、形《かたち》や色《いろ》の信号《しんごう》によります。実験《じっけん》につかったぼうきれやもけいは、においもしなければ、鳴《な》き声《ごえ》もださないからです。

トノサマバッタににせたもけいの、色《いろ》や大《おお》きさをかえると、おすがよくあつまってきたり、ぎゃくに、みむきもしなくなったりします。その反応《はんのう》は、まるで機械《きかい》じかけのおもちゃのようです。いろいろなもけいをつかって、バッタのこのみや、行動《こうどう》のしくみをしらべてみましょう。

●バッタつりの実験《じっけん》

■どんな長《なが》さのめすによくあつまるか？

●50mm　おすとおなじ長《なが》さ

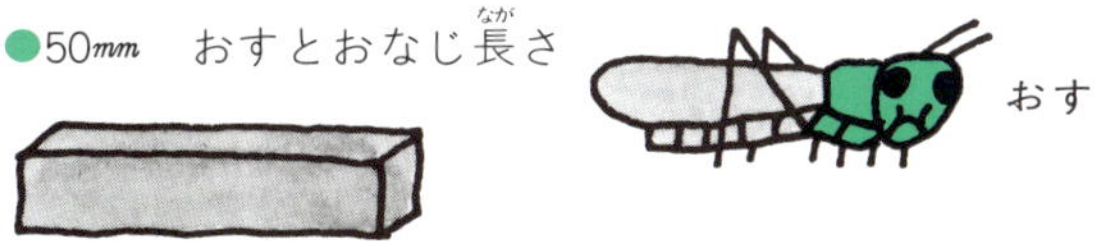

近《ちか》づいてもすぐにげる。ぼうをおすだとおもっているようだ。

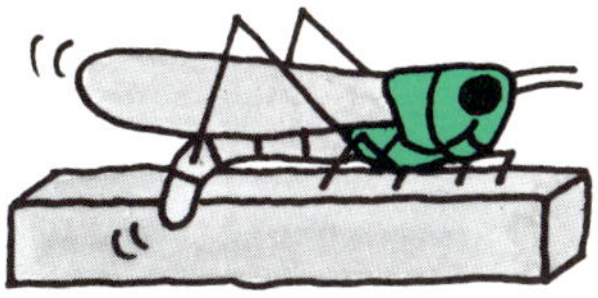

●70mm　めすとおなじ長《なが》さ

とびのって交《こう》尾《び》しようとする。

●90mm　大群《たいぐん》のバッタのめすの長《なが》さ

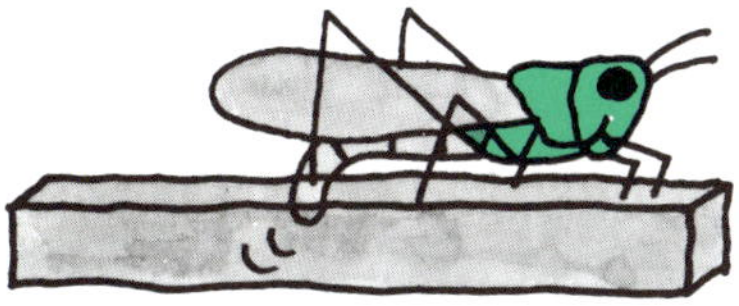

ふつうより長《なが》くても、とびのって交《こう》尾《び》しようとする。

●110mm　こんなに長《なが》いバッタのめすはいない

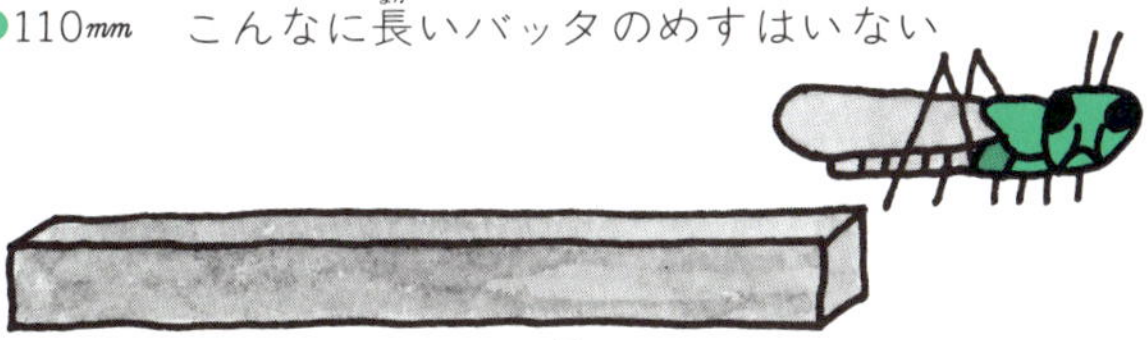

おすはめったに近《ちか》づかない。

■黒《くろ》いめすと白《しろ》いめすでは？

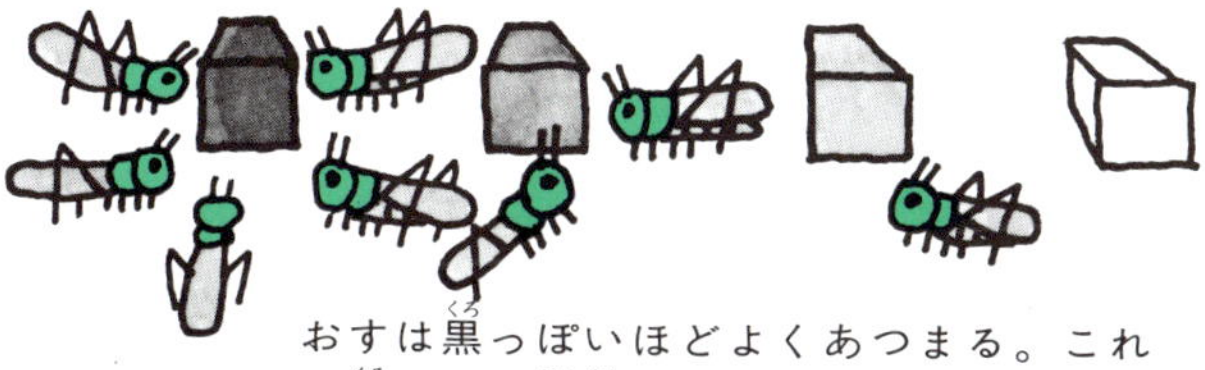

おすは黒《くろ》っぽいほどよくあつまる。これは黒《くろ》っぽい大群《たいぐん》のバッタがあつまることと関係《かんけい》があるのかもしれない。黄色《きいろ》や白《しろ》い色《いろ》にはあまりあつまらないことがたしかめられている。

■バッタつりをしてたしかめてみよう！

きり口《くち》のまるいぼうはどうだろうか。形《かたち》のちがうぼうではどうだろうか。ほかのバッタのなかまではどうだろうか。いろいろたしかめてみよう。

■ぼうきれとバッタのおす

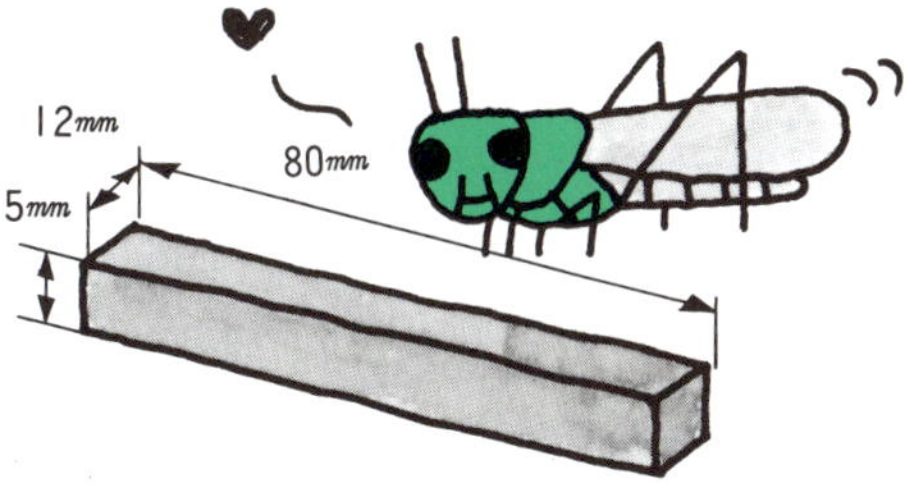

①バッタのおすには、ぼうきれがめすにみえる。おすはぼうきれに近《ちか》づいてくる。

②ぼうきれのはしが、めすの頭《あたま》にみえる。おすはぼうにとびのる。

③ぼうの上面《うわめん》をめすの背《せ》なかだとおもって、むきをかえる。

④ぼうをすっかりめすだとおもって、交尾《こうび》しようとするものもいる。

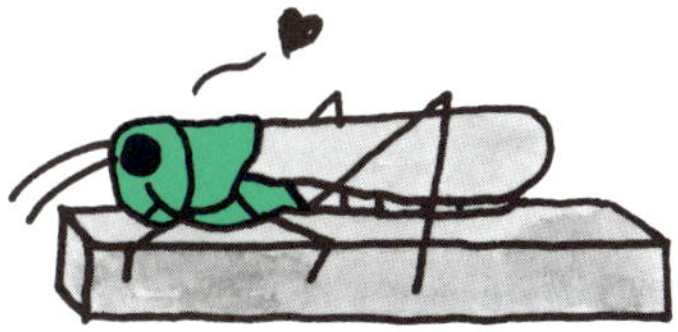

⑤まだめすだとおもって、しっかりぼうにおぶさったまま、うごかなくなるものもいる。

川原《かわら》の四季《しき》とトノサマバッタの一生《いっしょう》

● 春《はる》の強《つよ》い風《かぜ》が、かわいた川原《かわら》に砂《すな》ぼこりをまいあがらせる。ツクシがのびる。（三月後半《がつこうはん》）

● 春《はる》の雨《あめ》が、川原《かわら》の土《つち》をしめらせる。（四月《がつ》）

植物《しょくぶつ》が芽《め》をだす。（四月後半《がつこうはん》）

たまごがめざめ、幼虫《ようちゅう》がうまれる。（五月《がつ》～六月末《がつすえ》）

● 川原《かわら》に梅雨《ばいう》の季節《きせつ》がくる。（六～七月《がつ》なかば）

植物《しょくぶつ》もバッタもすくすくそだつ。

● エノコログサがほをだし、夏《なつ》がくる。バッタの羽化《うか》がはじまる。（八月《がつ》）

川原《かわら》のトノサマバッタは、川原《かわら》の植物《しょくぶつ》のように、成長《せいちょう》したり変化《へんか》したりします。春《はる》の雨《あめ》がふりつづくと、川原《かわら》の植物《しょくぶつ》が芽《め》をだします。それからまもなく、しめった土《つち》の中《なか》で、バッタのたまごがめをさまし発育《はついく》をはじめます。そして、草《くさ》がのびはじめた地表《ちひょう》に、うまれでます。

梅雨《ばいう》の川原《かわら》は、緑《みどり》の植物《しょくぶつ》も、緑《みどり》の幼虫《ようちゅう》も、すくすく成長《せいちょう》する季節《きせつ》です。やわらかな植物《しょくぶつ》は、小《ちい》さな幼虫《ようちゅう》には、たべごろです。

夏《なつ》の暑《あつ》い季節《きせつ》は、すっかり成長《せいちょう》したイネやムギのなかまの植物《しょくぶつ》が、花《はな》をさかせて実《み》をむすびます。バッタが羽化《うか》して、成虫《せいちゅう》になりはじめるのも、このころです。そして、乾燥《かんそう》した川原《かわら》で産卵《さんらん》がはじまります。

秋《あき》が近《ちか》づくにつれて、川原《かわら》の植物《しょくぶつ》は黄《き》ばみ、茶《ちゃ》かっ色《しょく》にかれていきます。川原《かわら》のバッタも、緑色《みどりいろ》のものより、かっ色《しょく》のものが多《おお》くみられる

●トノサマバッタがとび、コオロギたちがなき、川原《かわら》に秋風《あきかぜ》がふきはじめる。（八月後半《がつこうはん》）

●草《くさ》の実《み》がみのり、川原《かわら》の植物《しょくぶつ》がかれはじめる。（十月《がつ》）

●砂地《すなじ》と石《いし》ころの川原《かわら》にバッタがよくみられる。

●バッタの交尾《こうび》や産卵《さんらん》がよくみられる。（十月《がつ》末《すえ》から十一月《がつ》はじめ）

●バッタつりによい時期《じき》。

●霜《しも》がおりるようになる。（十一月末《がつすえ》）

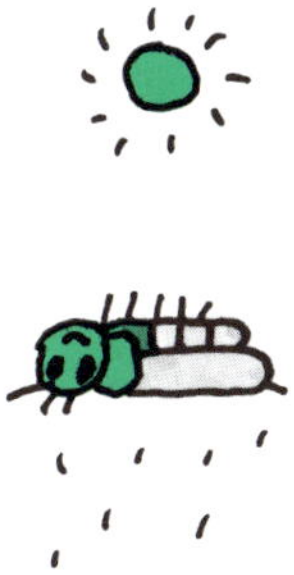

生《い》きのこりのバッタが、横《よこ》になって日《ひ》なたぼっこをする。やがて成虫《せいちゅう》たちは死《し》ぬ。

●霜柱《しもばしら》が立《た》ち、川原《かわら》は冬《ふゆ》。（十二月《がつ》～二月末《がつすえ》）

土《つち》の中《なか》で、たまごが春《はる》までねむる。

ようになります。これは、幼虫時代《ようちゅうじだい》の温度《おんど》や乾《かん》燥状態《そうじょうたい》で色《いろ》がかわったものです。夏《なつ》に近《ちか》い季節《きせつ》にそだった幼虫《ようちゅう》は、高温《こうおん》と乾燥《かんそう》のためで、茶《ちゃ》かっ色《しょく》のバッタになりやすいのです。

産卵《さんらん》されたたまごは、すぐに成長《せいちょう》はしません。たまごは、土の中で休眠しています。春《はる》にめざめて、発育《はついく》をはじめるには、冬《ふゆ》の寒《さむ》さと乾燥《かんそう》を経験《けいけん》しなければなりません。寒《さむ》さや乾燥《かんそう》があたえられなかったたまごは、うまくそだたないしくみになっています。冬《ふゆ》の季節《きせつ》に深《ふか》くねむったたまごだけが、春《はる》のぬくもりでめをさまします。

トノサマバッタは、長《なが》い時間《じかん》をかけて、川原《かわら》の季節《きせつ》や植物《しょくぶつ》にあわせて、生《い》きつづけられるようになったこん虫《ちゅう》です。

●**トノサマバッタのえさになる植物《しょくぶつ》**

あとがき

●トノサマバッタは、なまえのとおりバッタの王《おう》さまです。からだも大《おお》きく、とぶ力もはねる強《つよ》さもばつぐんです。かみつくことも、いまでは害《がい》をすることもない、川原《かわら》の陽気《ようき》なこん虫《ちゅう》です。

　バッタといっしょに、川原《かわら》をおもいきりはねてみませんか。あ・お・い・草《くさ》のにおいを胸《むね》いっぱいすいこんだら、土手《どて》にすわって、バッタとお話《はなし》してみませんか。

●そのむかしソロモン王《おう》は、「まほうの指輪《ゆびわ》」をはめると、動物《どうぶつ》たちと自由《じゆう》に話《はなし》ができたそうです。わたしたちも、そんな「指輪《ゆびわ》」をさがしたいものですね。

　そのためには、つかまえたりするまえに、どんな生活《せいかつ》をしているか、よくみることかもしれません。注意深《ちゅういぶか》く、ノートに観察記録《かんさつきろく》をつけることかもしれません。「指輪《ゆびわ》」は、観察記録《かんさつきろく》のなかに、みつかるかもしれません。

　相手《あいて》をしること、それは、しんぼう強《づよ》くおつきあいすることのようです。相《あい》手《て》のことがわかれば、こん虫《ちゅう》だって、親《した》しくなれるはずです。

●こん虫《ちゅう》の映画《えいが》や雑誌《ざっし》の仕事《しごと》をしてこられた小田英智《おだひでとも》さんに、解説文《かいせつぶん》を書《か》いていただきました。小宮蓉子《こみやようこ》さんには、原稿《げんこう》の整理《せいり》をしていただきました。原版《げんばん》を一層《いっそう》引《ひ》き立《た》たせてくださった印刷所《いんさつじょ》の方《かた》がたにも、深《ふか》く感謝《かんしゃ》をいたします。

佐藤有恒《さとうゆうこう》

（一九七四年十月）

NDC486
佐藤有恒
科学のアルバム　虫 8
トノサマバッタ

あかね書房 2022
54P　23×19cm

科学のアルバム

トノサマバッタ

一九七四年十月初版
二〇〇五年 四 月新装版第 一 刷
二〇二二年一〇月新装版第一四刷

著者 佐藤有恒
小田英智

発行者 岡本光晴
発行所 株式会社 あかね書房
〒一〇一―〇〇六五
東京都千代田区西神田三―二―一
電話〇三―三二六三―〇六四一（代表）
ホームページ http://www.akaneshobo.co.jp
印刷所 株式会社 精興社
写植所 株式会社 田下フォト・タイプ
製本所 株式会社 難波製本

ISBN978-4-251-03335-2
定価は裏表紙に表示してあります。
落丁本・乱丁本はおとりかえいたします。

○表紙写真

・トノサマバッタの顔《かお》

○裏表紙写真（上から）

・草《くさ》をたべるトノサマバッタ

・土《つち》の中《なか》から出《で》てきたばかりの
　トノサマバッタのこども

・羽化《うか》をおえたトノサマバッタ

○扉写真

・トノサマバッタの一令幼虫《れいようちゅう》

○もくじ写真

・羽《はね》をひろげてとぶトノサマバッタ

科学のアルバム

全国学校図書館協議会選定図書・基本図書
サンケイ児童出版文化賞大賞受賞

虫

モンシロチョウ
アリの世界
カブトムシ
アカトンボの一生
セミの一生
アゲハチョウ
ミツバチのふしぎ
トノサマバッタ
クモのひみつ
カマキリのかんさつ
鳴く虫の世界
カイコ まゆからまゆまで
テントウムシ
クワガタムシ
ホタル 光のひみつ
高山チョウのくらし
昆虫のふしぎ 色と形のひみつ
ギフチョウ
水生昆虫のひみつ

植物

アサガオ たねからたねまで
食虫植物のひみつ
ヒマワリのかんさつ
イネの一生
高山植物の一年
サクラの一年
ヘチマのかんさつ
サボテンのふしぎ
キノコの世界
たねのゆくえ
コケの世界
ジャガイモ
植物は動いている
水草のひみつ
紅葉のふしぎ
ムギの一生
ドングリ
花の色のふしぎ

動物・鳥

カエルのたんじょう
カニのくらし
ツバメのくらし
サンゴ礁の世界
たまごのひみつ
カタツムリ
モリアオガエル
フクロウ
シカのくらし
カラスのくらし
ヘビとトカゲ
キツツキの森
森のキタキツネ
サケのたんじょう
コウモリ
ハヤブサの四季
カメのくらし
メダカのくらし
ヤマネのくらし
ヤドカリ

天文・地学

月をみよう
雲と天気
星の一生
きょうりゅう
太陽のふしぎ
星座をさがそう
惑星をみよう
しょうにゅうどう探検
雪の一生
火山は生きている
水 めぐる水のひみつ
塩 海からきた宝石
氷の世界
鉱物 地底からのたより
砂漠の世界
流れ星・隕石